ENTERTAINING MATHS

少儿彩绘版

趣味数学

空间与几何

〔俄罗斯〕雅科夫·伊西达洛维奇·别莱利曼◎著 项 丽◎译

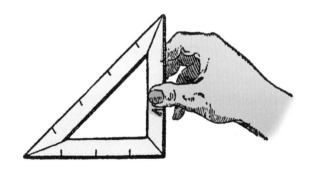

中国妇女出版社

作者简介

雅科夫·伊西达洛维奇·别莱利曼 （1882～1942）

　　别莱利曼出生于俄国格罗德省别洛斯托克市，是享誉世界的科普作家、趣味科学的奠基人。他从17岁时开始在报刊上发表文章，大学毕业后，全力从事科普写作和教育工作。1916年，他用了3年时间，创作完成了其代表作《趣味物理学》，为以后一系列趣味科学读物的创作奠定了基础。

　　别莱利曼一生共创作了105部作品，其中大部分是趣味科学读物，主要代表作有《趣味物理学》《趣味物理学·续篇》《趣味力学》《趣味几何学》《趣味代数学》《趣味天文学》《趣味物理实验》《趣味魔法数学》等。他的作品从1918年至1973年仅在俄罗斯就出版449次，总印数达1300万，之后又被翻译成数十种语言，畅销20多个国家，全世界销量超过2000万册。别莱利曼除了面向青少年创作科普作品，还在1935年创办和主持列宁格勒"趣味科学之家"，广泛开展少年科学活动。别莱利曼及其作品对俄国乃至全世界青少年的科学学习都产生了深远的影响。

别莱利曼的趣味科学读物通过巧妙的分析，将高深的科学原理变得简单易懂，让艰涩的科学习题变得妙趣横生，让牛顿、伽利略等科学巨匠不再遥不可及。同时，他的作品立论缜密，还加入了对经典科幻小说的趣味分析，是公认的深受青少年欢迎的科普书。一些在学校里让学生感到十分难懂、令人头痛的数学问题，到了他的笔下，都好像改变了呆板的面目，显得和蔼可亲了。正如著名科学家、火箭技术先驱者之一格卢什科对他的评价：别莱利曼是数学的歌手、物理学的乐师、天文学的诗人、宇航学的司仪。为纪念别莱利曼对世界科普事业作出的巨大贡献，1959年，"月球3号"无人月球探测器传回了世界上第一张月球背面图，其中拍摄到的一个月球环形山，被命名为"别莱利曼"环形山。

目 录
CONTENTS

第一章

森林中的
几何学

利用阴影的长度来测量

◆ 神奇的测量方法

直到现在，有一件事情给我留下的印象还非常深刻。在我还很小的时候，曾经看到一个秃顶的人，他手里拿着一个很小的仪器对着一棵很高的松树。他想测量这棵松树的高度。只见他拿起一块方形的木板，然后对着松树瞄了一下。我还以为这个人会拿着皮尺爬到树上去，可没想到，在做了这些后，他就把那个小仪器放回包里了，然后拍拍手说："好了，测完了。"可我觉得他根本还没有开始测量呀！

当时，我的年龄还很小，对这个人的测量方法感到非常困惑，不知道究竟是怎么回事，觉得这像是魔术。后来，我上了学，慢慢接触到了几何学，我才知道，这其实根本不是魔术，原理也很简单。测量树的高度根本不需要进行实际的测量，只需要运用几种简单的仪器就可以了，而且方法有很多种。

◆ 泰勒斯的方法

在公元前6世纪，古希腊哲学家泰勒斯发明了一个方法，也是现在被认为最古老、最容易的方法，他用这种方法来测量埃及金字塔的高度。在测量金字塔高度的时候，他利用了金字塔的影子。

当时，包括法老和祭司在内的很多人都聚集到了一起，就是为了

002

看一下这位哲学家是怎么测量高大的金字塔的。

据说，泰勒斯选择了一个特殊的时间点，在那个时间点，他自己的影子长度正好跟自己的身高相等。这样，只要测量出金字塔影子的长度就可以了，因为这个长度正好也等于金字塔的高度。

只不过，金字塔影子的长度要从塔底的正中心计算，而不是从金字塔的边缘计算。泰勒斯正是从自己的影子中得到了灵感，发明了这个方法。

现在，对于这位哲学家发明的这个方法，即使是小孩子，也很容易明白其中的道理。但是，我们不得不承认，这是因为我们学了几何学这门学科才做到的。在当时可没有几何学。

◆ 欧几里得的方法

图1　古希腊数学家欧几里得。

大约在公元前300年，古希腊数学家欧几里得（图1）写过一本书，对几何学进行了系统的论述。直到今天，这本书还被我们学习运用。

对于现在的中学生来说，书中的很多定理都非常简单，但是在泰勒斯那个时代，还没有这些定理。而在测量金字塔高度的过程中，必须利用到其中的一些定理，也就是下面的这些三角形特性：

● 等腰三角形的两个底角相等。反过来，如果三角形有两个角相等，那么这两个角的对边也相等。

● 对于任意一个三角形，它的内角和等于180°。

泰勒斯发明的测量高度的方法，正是建立在三角形的这两个特性之上的。当影子的长度等于他的身高时，就说明太阳照向地面的角度正好等于直角的一半，也就是45°。这时候，金字塔的高度和影子的长度正好是一个等腰直角三角形的两条边，所以它们是相等的。

如果天气比较好，在太阳的照射下，大树便会有影子。这时，便可以利用这种方法来测量大树的高度。不过最好是独立的大树，否则树的影子会重合，不便于测量。

但是，如果是在纬度比较高的地方，这个方法并不是很好用。这是因为在这些地方，只有在夏天中午很短的一段时间里，影子的长度才会跟物体的高度相等。所以并不是所有的地方都可以使用这个方法。

不过，在这种地方，我们可以把这个方法改进一下，只要有影子就可以得到物体的高度。这时需要做的工作就是，先分别测量出物体的影子和自己的影子的长度，然后利用下面的比例关系计算出物体的高度，如图2所示。

图2

图3

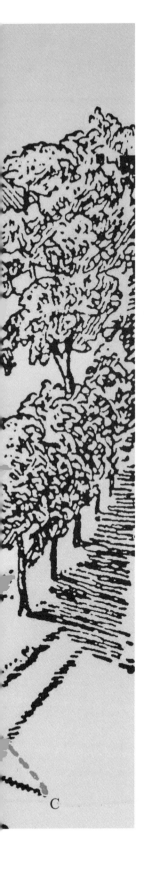

C

AB：ab＝BC：bc

这个关系之所以成立，也是利用了几何学中的知识，如果三角形ABC和三角形abc相似，那么它们的对应边就是成比例关系的。

所以，物体的影子长度与身体的影子长度的比值，就等于物体的高度跟身高的比值。

你可能会疑惑，这么简单的道理还需要用几何学来证明吗？如果没有几何学，难道我们就没有办法得到物体的高度了吗？其实，事实就是这样的。

如图3所示，刚才的方法并不适用于路灯以及它所形成的影子。从图中可以看出，柱子AB的高度是矮木桩ab的3倍，但是它们的影子BC和bc却不是3倍的关系，而是差不多8倍的关系。

如果没有几何学，想要充分解释这个方法的原理，并且说明为什么这个方法在此行不通，是很难的。

路灯的影子

问题　为什么这个方法对路灯的影子就不适用了呢？这个方法跟前面测量大树的方法相比有什么区别？

我们可以把太阳照射出来的光线看作是平行的，而路灯就不一样了，从路灯发出的光线并不平行，关于这一点，从图3中我们可以很明显地看出来。

那么，为什么太阳发出的光线是平行的呢？太阳光不也是从同一个太阳发出来的吗？

回答　我们之所以把太阳发出的光线看作是平行的，是因为从太阳发出的光线间的角度极小，几乎可以忽略。关于这一点，我们可以用几何学的知识进行证明。假设太阳发出了两条光线，照射到地球上的某两个点，不妨假定这两个点的距离有1千米。

如果我们有一个巨大的圆规，将其中的一只脚放到太阳的位置，另一只脚放到其中一个点上，画一个圆。很显然，这个圆的半径正好是地球到太阳的距离，也就是150000000千米。换算一下，很容易得到这个圆的周长：

$$2 \times \pi \times 150000000 \approx 940000000 \text{（千米）}$$

刚才选取的两点间的距离是1千米，也就是圆上的一段弧长是1千米的弧。我们知道，在圆周上的每一度对应的弧长都是圆周长的 $\frac{1}{360}$。换算一下，也就是：

$$940000000 \times \frac{1}{360} \approx 2600000 \text{（千米）}$$

每一分的弧长就是这个数值的 $\frac{1}{60}$，约为43000千米，每一秒的弧长又是这个数值的 $\frac{1}{60}$，即720千米。

我们刚才提到的弧长只有1千米，也就是说，它对应的角度是 $\frac{1}{720}$ 秒，这个角度几乎可以忽略不计，即便是用精密的仪器，也很难测量出这么小的角度。所以，在地球上看，太阳发出的光线完全可以看作是平行的。

需要说明的是，太阳照射到地球直径两端的光线之间的夹角大约是17秒，这个角度可以用仪器测量出来，科学家正是利用这个角度才计算出地球与太阳之间的距离。

由此可见，如果没有几何学的知识，对于前面提到的测量高度的方法，我们根本没有办法解释。

不过，实际运用这个方法进行测量，并不是一件容易的事情。

这是因为影子边缘的分界线并不是十分分明，所以在测量影子的长度时，就很难测量准确。

太阳照射到物体上的时候，形成的影子边缘会有一个轮廓，这个轮廓呈现出的是半影，这就使我们很难准确地找到影子的边缘。之所以会产生半影，是因为太阳这个发光体太大了，光线不是从一个点上发出来的。

如图4所示，树的影子BC在边缘处会多出来一段若隐若现的半影CD。

实际上，半影CD的两端与树梢形成的夹角CAD和我们看向太阳直径两端形成的夹角是相等的，这个度数大约是半度。

即使是在太阳的位置比较高的时候，也会存在半影，所以就会产生测量误差。

有时候，这个误差可能会达到5%，甚至更大。再加上其他因素的影响，比如地面凹凸不平，就会导致误差更大。

所以，如果在丘陵地带，这个方法是不适用的。

图4

测量大树的两个便捷方法

前文中，我们讲到了利用影子来测量物体的高度。其实，测量物体高度的方法还有很多，下面我们来介绍两种最简单的方法。

◆ 利用等腰直角三角形的性质测量高度

第一种方法是利用等腰直角三角形的性质来测量的。

这里会用到一个简单的仪器，很容易制作。如图5所示，只需要一块木板和3个大头针就可以。在这块木板上画一个等腰直角三角形，然后把这3个大头针分别钉在三角形的顶点上。如果没有办法画出这个直角，可以找一张纸，把这张纸对折一下，横过来再对折一下，就可以得到这个直角，而且还可以用这张纸在木板上画出相等的距离，作为等腰直角三角形的两条边。所以，即便是在野外，没有任何工具，也可以很容易地制作出这样一个仪器。

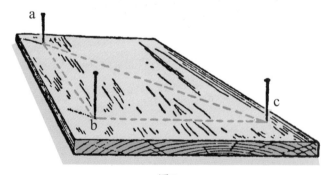

图5

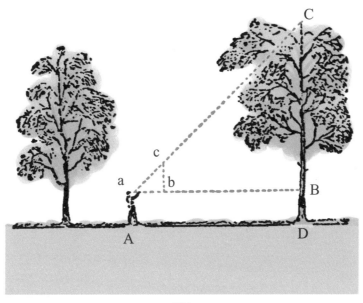

图6

　　利用这个仪器进行测量的方法也很简单，回到最开始的测量大树高度的例子。首先，把这个仪器拿在手上，站到大树附近的位置，在等腰直角三角形一条直角边顶端的大头针上拴一条细绳，下面绑一个小石头之类的物体，让这条直角边跟细绳重合，这样就可以保证直角是竖直的。然后，从刚才站立的位置向前或者向后移动，找到第一个点A，如图6所示。这时从点A通过大头针a和c看向大树的时候，树梢C正好跟这两个大头针在同一条直线上，点C在ac边的延长线上。这时候，由于角a等于45°，所以aB和CB的长度是相等的。

　　只要量出aB的长度，再加上BD，也就是眼睛到地面的距离，就可以得到树的高度了。

利用细长木杆测量高度

第二种方法也很简单，甚至不需要事先制作仪器，只要一根细长的木杆就可以了。把这根木杆插到地里，使它露在地上的长度正好等于你的身高（严格意义上说，这个高度应该是从地面到你眼睛的高度）。

如图7所示，仰面躺到地面上，脚跟抵住木杆的底端，使眼睛看向木杆顶端的时候，树梢正好在视线的延长线上。这时，三角形Aba不仅是等腰三角形，而且也是直角三角形，所以角A等于45°，AB＝BC，眼睛平视到树的距离等于树的高度。

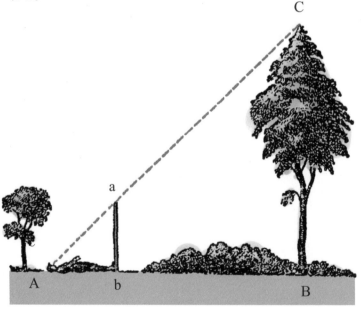

图7

凡尔纳的测高法

在凡尔纳的小说《神秘岛》中，工程师和赫伯特之间有过一段有趣的对话。

工程师对赫伯特说："走，今天我们去测量一下瞭望塔的高度。"

"用什么仪器测量？"

"不需要仪器。今天我们换个方法，一样可以得到准确的数值。"

赫伯特是个好学的年轻人，他跟着工程师，想看看工程师是怎么测量的。

只见工程师先做了一个悬锤，其实就是在绳子的一端拴了一块石头。工程师让赫伯特拿着，然后又拿起一根木杆，长度大概有12英尺（1英尺约为30.5厘米），两个人一前一后向瞭望塔走去。

两个人来到距离瞭望塔大概500英尺的一个地方。工程师把木杆的一头插到土里，插下去的深度大概是2英尺。接着，工程师从赫伯特手里接过悬锤，对木杆进行校正，直到木杆完全竖直，之后对木杆插到土里的部分进行了固定。

固定好木杆后，工程师朝着远离木杆的方向走了几步，仰面平躺在了地面上，并且让自己的眼睛能够正好通过木杆的尖端看到瞭望塔的最顶端。

工程师在这个点上做了一个标记。

接着，工程师从地上站了起来，对赫伯特说："你学过几何学吗？"

"嗯，我学过。"

"那你知道相似三角形有什么性质吗？"

"两个相似三角形的对应边成比例关系。"

"嗯，没错。现在，我们就来找相似三角形，而且是直角相似

三角形。把这根木杆看作三角形的一条边，刚才标记的那个点到木杆的距离作为另一条边，我的视线作为弦，这是一个三角形。另一个三角形的两条直角边是由要测量的瞭望塔的高度和瞭望塔底部到标记点的距离，而弦也是我刚才的视线。也就是说，两个直角三角形的弦是重合的。"

听工程师说完，赫伯特叫了起来："哦，我知道了，标记点到木杆的距离与它到瞭望塔的距离之比，等于木杆高度与瞭望塔高度的比值。"

"没错。所以只要分别测量出标记点到木杆和瞭望塔的距离，就可以计算出瞭望塔的高度了。木杆的高度我们是知道的，这样通过刚才的比例关系，就可以得到瞭望塔的高度了。因此，根本不需要用尺子直接测量，我们就能知道瞭望塔有多高。"

接下来，两个人对那两段距离进行了测量，分别是15英尺和500英尺，并列出了下面的算式：

$15 : 500 = 10 : D$

$D = 500 \times 10 \div 15 \approx 333$

也就是说，瞭望塔的高度大概是333英尺。需要注意的是，这里的木杆高度10英尺指的是木杆露在地面上的部分，而不是整根木杆的长度12英尺。

六条腿的大力士

我们知道，蚂蚁的力量是很大的，它们可以背着比自己体重大得多的物体前进（图8），而且动作还很敏捷。在观察蚂蚁的时候，我们经常会惊奇于它的力量，同时也会在头脑中产生一个疑问：蚂蚁这么小，它怎么会有这么大的力量呢？它背上的重物比它自身的质量大10倍，甚至更多，但是看起来好像并不是很吃力。如果换成人类背着相当于自身体重10倍的重物，早就被压趴下了，更不用说移动了。从图9中我们可以看出，人类想背着一架钢琴爬梯子是办不到的。那么，我们是不是可以说，蚂蚁比人类强壮得多呢？

◆ 肌肉力量

关于这个问题，并非只用想象就可以回答出来，这需要相关的几何知识才能解释清楚。下面我们先来了解一些关于肌肉力量的知识，再来讨论这个问题。

从某种意义上说，肌肉和有弹性的韧带有

图8

图9

很多相似的地方。不过，肌肉的收缩不是因为弹性，而是别的原因，而且肌肉会因为神经的刺激而恢复原状。在生物学实验中，有人试过把电流通到肌肉上，或者通到相关的神经上，也可以让肌肉收缩。

冷血动物有一个特点，即便已经被杀死，它们的肌肉仍然可以存活一定的时间。

所以，我们可以从刚杀死的青蛙身上取下一块肌肉，来做这个实验。实验很容易。

通常，我们会取青蛙后腿上的肌肉，这块肌肉是跟腿上面的一块腿骨和肌腱连在一起的，可以连同这两部分一起取下来。

在做这样的实验时，这块肌肉的大小和形状都非常有代表性。下面开始实验。

肌肉取下来后，把大腿骨挂起来，在肌腱上挂一个钩子，在钩子上挂一个砝码。

然后，在肌肉的两端分别接上一根电线。

在接通电源的瞬间，你就会发现，肌肉会马上收缩，并把钩子上的砝码上提。

我们还可以继续增大砝码的质量，来测量这块肌肉最大的拉力到底是多少。

如果把好几条这样的肌肉首尾相连，我们还可以发现这样一个现象，肌肉的条数越多，砝码也会相应地提高到一条肌肉时的几倍。但是，这并不能使肌肉的拉力变大。

接下来，我们还可以把几条这样的肌肉捆到一起，继续做这个实验。

我们会发现，捆到一起的肌肉会提起跟肌肉的条数相对应倍数的砝码。

我们不难得出结论，如果这些肌肉生长在一起的话，它们也会有同样的性质。

也就是说，肌肉拉力的大小跟肌肉的长度和质量没有关系，而是由肌肉的粗细决定的，或者说，是由肌肉横截面积决定的。

◆ 蚂蚁能背起比自身重的物体的原因

我们不妨再深入分析一下，如果两只动物构造相同，形状也相似，不同的只是大小，而且体积大的动物的直线尺寸是体积小的动物的2倍，那么根据前面提到的几何学知识，我们就可以得出，体积大的动物的体积和体重就是体积小的动物的$2^3=8$倍，而且各个器官的体积和质量也有这样的关系。

但是，如果计算面积，比如刚才提到的肌肉的横截面积，它们的比例关系就是$2^2=4$，即体积大的动物肌肉的横截面积是体积小的动物的4倍。

所以，我们可以得到这样的结论，如果一个动物的身体长大到原先的2倍，那么它的体积和质量都会增大到原来的8倍，但是它的肌肉的力量却只有原来的4倍，而不是8倍。

也就是说，跟体重相比，它的体力并没有增长同样的幅度，而是一半。同样的道理，如果两个动物的长度之比是 $3:1$，那么，它们的体积和质量就是 $3^3=27$ 倍的关系，而体力却只相差了 $3^2=9$ 倍，相比增大的体积和质量来说，体力增大的幅度只是 $\dfrac{1}{3}$。

这就解释了刚开始提到的蚂蚁为什么能背得动比自身重得多的物体。这是因为，跟肌肉的力量相比，动物的体积和质量并不是同比例变化的。蚂蚁和黄蜂可以背起自身体重的30～40倍的物体。而人类，即便是运动员，也只能背起重量为体重的 $\dfrac{9}{10}$ 的物体。马还要更少一些，大概只能驮动重量为体重的 $\dfrac{7}{10}$ 的物体。

克雷洛夫曾经写过一首诗，生动地刻画了"蚂蚁勇士"的丰功伟绩。他是这样写的：

> 有这样一只蚂蚁，
> 它的力量大得惊人，
> 我还从来没有见过这样大的力气，
> 它甚至可以举起两个大麦粒！

通过刚才的分析，我们知道，诗中所描写的这一景象，是有一定的几何学原理的。

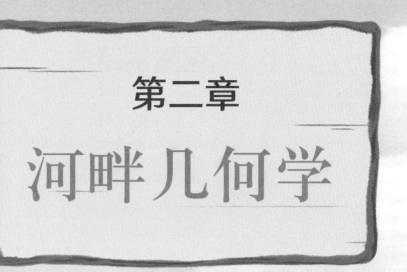

第二章
河畔几何学

帽檐测距法

据说在一次战争中，有支部队要到一条河的对岸去，便先派了一个班去测量河的宽度，看能否渡过去。当时这个班的成员利用帽檐测量出了河的宽度，帮助部队成功渡过了这条河。

◆ **如何用帽檐测量距离**

这个班在班长的带领下，来到了河边，隐藏在灌木丛中。在其他人的掩护下，班长带着一个人悄悄爬到了河边，他们可以清楚地看到对面敌人的一举一动。在这样的情况下，他们只能用眼睛目测一下河的宽度，他们估计出的结果是100～110米。班长为了验证目测的结果是否准确，利用帽檐重新测量了一下河的宽度。具体来讲，利用帽檐测量距离的方法是这样的：

如图10所示，测量人戴上帽子，眼睛从帽檐的底边看向河的对岸。如果没有帽子，也可以用手掌或者记事本，贴在额头上代替帽檐。然后，整个身体向左转或者向右转。转动的时候，要保证头部的位置不动。在新的方向上，找到能看到测量人所在河岸的最远的那一点，那么从最远的这一点到测量人的站立点的距离就是河的宽度。通常来说，转动的方向受地势的平坦程度影响，因此应尽量找一个平坦的地方，这样便于接下来的实地测量。

当时，班长就是利用了这一方法。不过，他当时没有戴帽子，而

图10

是用了一个记事本代替。只见班长从灌木丛中迅速跳出来，用记事本挡在额头上，望到了河的对岸，又迅速转了一下身，找到了自己所在河岸的最远的那个点，然后迅速趴下，跟另一个人匍匐着爬到了最远的那个点上，用绳子量了一下到刚才站立点的距离，结果是105米。于是，班长验证了自己的判断，成功完成了任务，并把这一结果报告给了上级领导。

◆ 帽檐测距法的基本原理

问题 利用几何学知识，解释一下帽檐测距法的基本原理。

回答 在图10中，这个人的站立点是A，那么当他从帽檐或者记事本的边缘向远方望去的时候，看到的是河对岸的点B，当他转身之后，看向远处的点C，就好像是以这个人为圆心画了一个圆弧。所以，AB和AC都是这个圆的半径，它们是相等的。

小岛有多长

问题 如图11所示，这条河中有一座小岛，要求不到达小岛边上，测量出小岛的长度。

图11

相比前面测量河的宽度的问题，这个题目有点儿复杂，因为小岛的两边都不能靠近。但是，这个问题还是可以解决的，而且解决起来并不困难。

回答 假设我们在岸上，小岛的长度是AB，如图12所示。

首先，我们在岸上选择两个点，分别是点P和点Q，在这两个点上分别钉上一根木桩。其次，利用三针仪，在它们的连线上找出两个点M和N，使AM和BN都垂直于PQ，再于MN的中点O上钉一根木桩。再次，在AM的延长线上找到点C，使得从这一点看向点O的时候正好挡住点B。同样的方法，在BN的延长线上找到点D。那么，CD的长度正好等于小岛的长度AB。

这一结论很容易证明。三角形AMO和三角形DNO都是直角三角形，MO=NO，∠AOM=∠DON，所以这是两个全等三角形，AO=DO。同样的道理，我们可以得出BO=CO，三角形ABO和三角形DCO也是全等三角形，所以CD=BA。

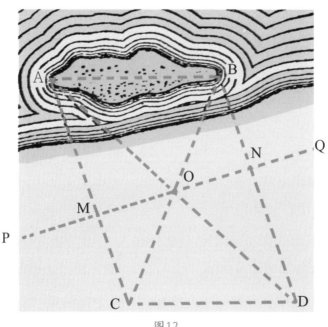

图12

小河蕴含着巨大的能量

◆ 小河中的能量

通常来说,我们把长度小于100千米的河流都称为小河。在俄国,这种小河非常多,有人计算过,足有43000多条。

如果把这么多的小河首尾连起来,长度可以达到130万千米。我们知道,赤道的长度也仅有4万千米,它可以绕赤道30多圈。

这么多小河,就这样缓缓流淌着。但是,你知道吗?在这些小河中蕴含着巨大的能量。这些巨大的能量如果被我们加以利用,就可以为附近的村庄提供电力等能源。

◆ 如何建立拦河坝

要想把水流变成电力,必须在河上建一座水力发电站。而要建水力发电站,就需要做很多前期准备工作。利用前面讲到的知识,我们可以对一些数据进行收集。

比如,建造水力发电站之前,必须要先知道河流的宽度、河中水流的速度、河床横截面的面积,以及河岸可以容纳多高的水位,等等。所有这些数据都可以利用一些简单的仪器测量出来,这些看似深奥的东西,用最简单的几何学知识就可以得到。下面,我们就来分析一下。

　　我们从专家那里得到了一些从实践中摸索出来的经验。在拦河坝位置的选择上，要根据水力发电站的大小选择相应的位置。比如，要建一座15～20千瓦的小型发电站，就应该建在距离城镇大约5千米的地方。

　　而且，拦河坝还不能建在距离河源太远或者太近的地方，一般选择在距离河源10～15千米以上，20～40千米以下的地方。因为距离河源太近，水量会比较少，水位高度就很难产生足够的电力，而如果距离太远，河面就会比较宽，拦河坝的建造费用就会大大增加。而且，在选择拦河坝的位置时，还应该考虑河水的深度，如果河水太深，就不得不考虑拦河坝的承重问题，势必会增加大量的建设费用。

测一测水流的速度

在高耸的白桦林边，

流淌着一条小河，

就像一条白色带子，

另一边，是一座小村庄。

——阿·费特

◆ 计算水流速度

一条小河每天的水流量是多少？

要想计算出每天的水流量，首先必须知道水流的速度是多少。这其实很容易测量，不过需要两个人和一只秒表才能进行。如图13所示，选择一段较直的河面，预先在河岸选择两个位置A和B，假设它们之间的距离为10米。

然后，在离河岸较远的地方，再选择两个点C和D，使AC和BD都垂直于AB。甲拿着秒表，乙拿一个浮标（可以用一个空瓶子代替），走到上游的点A处，把浮标扔到河中，然后迅速跑到点C的后面。甲站到点D的后面，并和乙同时沿着CA和DB的方向看向河面。

当浮标漂到CA的延长线上时，乙抬起手臂，发出计时的信号，甲开始计时，等浮标漂到DB的延长线上时，可以算出经过的时间。

这样，就可以计算出水流的速度了。

假设浮标漂过这段距离的时间为20秒，那么水流的速度就是：

$$\frac{10}{20} = 0.5（米／秒）$$

为了保证测量结果的准确性，通常需要重复10次这样的测量。并且要不停地变换测量的地点，把浮标扔到不同的河段中，根据测量的数据，计算出每一次的水流速度，把这些结果相加，除以重复的次数，才可以得出水流的平均速度。

图13

计算水流平均速度

一般来说，深层的水流比较慢，河流的整体水流速度约为河流表面水流速度的$\frac{4}{5}$，所以在刚才的这条河流中，整体的水流速度是0.4米／秒。

在测量河流表面的水流速度时，也可以采取下面的方法。不过，跟上面的方法相比，它的精确性要差一些。

坐在一条小船上，沿着逆流的方向划，大约在1000米的地方掉头，然后沿着顺流的方向划回去。在两个方向上，尽量用同样的力量来划船。

假设逆流划船的时候用的时间是18分钟，而顺流的时候是6分钟，那么就可以用下面的方程来计算出水流的速度。这里，x表示水流的速度，y表示水流不动时划船的速度。

$$\begin{cases} \dfrac{1000}{y-x} = 18 \\ \dfrac{1000}{y+x} = 6 \end{cases} \qquad \begin{cases} y-x = \dfrac{1000}{18} \\ y+x = \dfrac{1000}{6} \end{cases}$$

$$x \approx 55 \text{（米）}$$

也就是说，水流每分钟的速度约为55米，相当于每秒钟0.9米。

河水的流量有多大

通过前面两种方法，我们可以计算出水流的速度，这只是第一步，要想计算出水的流量，还需要知道水流横截面的面积。那么，怎么计算这个横截面的面积呢？这就需要知道横截面的形状。我们可以用以下方法计算。

◆ 划船标杆法

找一个可以测量出河面宽度的地方，在河的两岸，紧贴河面的岸边，分别钉两个小木桩作为标记，然后跟另一个人乘坐一条小船，从其中一个标记向另一个标记前进。需要注意的是，在划船的过程中，一定要尽量使小船始终沿着两个标记间的直线前进。

如果两个人的划船技术都不是很好，可以找另一个人在对岸，时刻盯着小船，以便随时调整小船行进的方向。特别是在水流比较急的地方，即便是划船的高手，也很难把握好方向。

当划到对岸时，记下划桨的总次数。根据这个数值，计算出小船行进10米的距离需要划几次桨。然后，再掉头划回去，这时要带上一根长的竹竿，并在竹竿上标记刻度，按照刚才计算出来的划桨次数，在每划这么多次桨的地方，把竹竿插到水中，记下刻度，就是水的深度。需要说明的是，对于比较窄的河流，这个方法还是很方便的，但是如果河流的河面比较宽，而且水比较深，就必须用其他的测量方法，或者请专家来帮忙解决了。

◆ 拉绳标杆法

　　如果要测量的是一条狭窄、较浅的河，可以采用下面的方法，根本不需要划船。

　　在前面标记的两个小木桩之间，拉一条绳子，要求这条绳子跟水流的方向垂直。拉绳子之前，事先在绳子上面做一些标记，每个标记间的距离是1米或者2米，然后在每个标记处插一根竹竿到河底，测量出每个标记点上的水深。

根据测得的水深数据，在方格纸上把河流的横截面画出来，如图14所示。

这样，我们得到了河流的横截面图，就可以很容易计算出它的面积。

我们可以把中间的部分看成由很多个梯形组成的图形，把两边的部分看成两个三角形，把它们的面积相加，就是河流的截面积。

需要注意的是，如果图的比例尺是1∶100，图形上的数据单位是厘米，那么计算出来的数值就正好是用平方米表示的截面积。

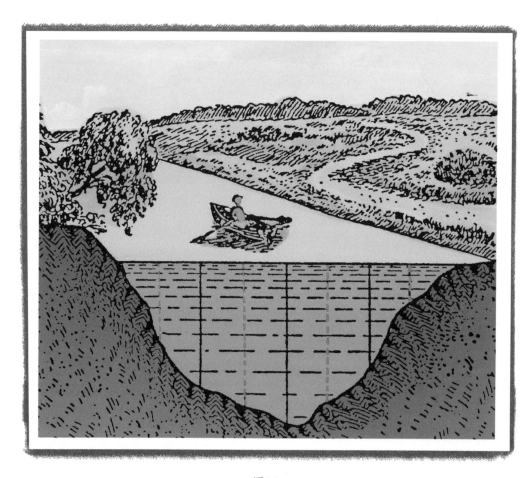

图14

◆ **计算河流的流量**

在前面的分析中，我们得到了水流的速度，现在，我们又得出了河流横截面的面积，接下来，我们就可以计算出河流的流量了。很明显，在河流的横截面上，每秒流过的水量就等于以河流的横截面作为底面、以水流的速度作为高度所形成的柱形几何体的体积。比如，水流的速度是0.4米／秒，而横截面的面积是3.5平方米，可得：

$3.5 \times 0.4 = 1.4$（立方米）

也就是说，每秒钟流过的水量就是1.4立方米，也就是1.4吨（1立方米的水质量正好是1吨）。那么，每小时的流量就是：

$1.4 \times 3600 = 5040$（立方米）

也就是5040吨。

而每天的流量是：

$5040 \times 24 = 120960$（立方米）

也就是 120960吨。

也就是说，这条小河每天的流量大约是12万立方米。实际上，横截面只有3.5平方米的小河确实太小了。你可以把它想象成一条3.5米宽、1米深的小河。只需要几步，我们就可以跨过这条小河了。你肯定没想到这样一条小河，每天流过的水量竟然有这么多！而一些大河，比如涅瓦河，每秒钟的流水量可达3300立方米，每天的流水量得有多少啊！当然了，我们这里说的是平均流水量。

　　但是，要建一座水力发电站，还有很多其他的工作要做，比如，要计算出河的两岸究竟可以容纳多高的水位，也就是建成后的拦河坝可以形成的落差是多少（图15）。

图15 041

那么，怎么计算这一落差呢？首先，我们需要在河两岸距离岸边5米、10米处各做一个标记，使这两个标记间的连线垂直于水流的方向。其次，沿着这条连线的延长线，向远离河流的方向行进，如果岸边坡度变化比较大，就做一个标记，如图16所示。

用特定的工具测量出最高点与最低点之间的垂直落差，也就是高度差，以及两个标记之间的距离。再次，把这些结果标在方格纸上，就得到了河岸横截面的图形。

根据画出来的横截面图形，工程师就知道河岸可以容纳的水位是多高。比如，拦河坝可以允许水位抬高2.5米，那么我们就可以根据这一数值计算出可能产生的电能有多少。

图16

计算水电站产生的电能

专家已经做了很多这方面的工作，根据他们的经验和计算，建成的水电站可能产生的电能就等于每秒钟的水流量×水位的高度×6。在前面的例子中，就是：

1.4×2.5×6＝21（千瓦）

这里的系数6跟发电机的能量损耗有关，不同的发电机系数会有所不同。另外，河流水面的高度和水流量会随着季节的变化而变化，所以在进行相关计算时，要考虑这一因素的影响，尽量选择一年中大部分时间里测得的数据。

在什么地方架桥距离最短

问题　如图17所示，在点A和点B之间，有一条两岸平行的运河。现在，想在这条运河上建造一座垂直于岸边的桥，那么应该选择什么位置，才能保证从点A到点B的距离最短？

回答　如图18所示，过点A作一条垂直于河流方向的直线，在直线上选取一点C，使AC等于河面的宽度，连接点B和点C，和河岸相交于点D，在点D建造垂直于岸边的桥，就能保证点A和点B之间的距离最短。

为什么将桥建在DE处，点A与点B之间的距离最短？

下面我们就来证明一下。如图19所示，连接点E和点A，则线段AC平行且等于线段ED，四边形AEDC是平行四边形，AE等于CD。因此，路径AEDB的长度等于ACB的长度。其实，可以很容易证明，任何一条别的路径都要比这条路径长。

如图20所示，假设有一条路径AMNB比路径AEDB短，即比路径ACB短。连接点C和点N，得到：CN=AM，AMNB=ACNB。但是，路径CNB比路径CB长，所以，路径

ACNB比路径ACB长，即路径ACNB比路径AEDB长。也就是说，刚才的假设是错误的，路径AMNB要比路径AEDB长。

根据前面的分析，我们可以得出，如果换一个地方建造这座桥，根本不能保证距离最短，点D是唯一可以保证距离最短的地方。

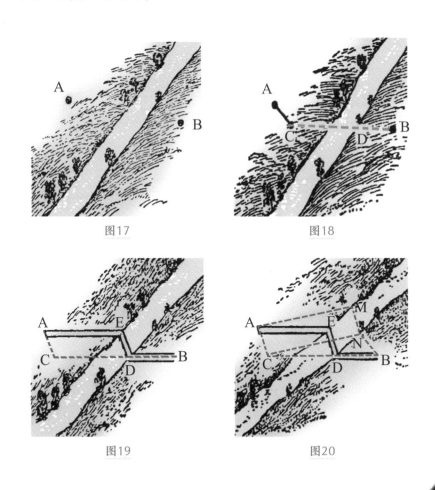

图17

图18

图19

图20

架设两座桥梁的最佳地点

问题　在实际生活中，我们可能会遇到图21所示的情况。在点A和点B之间有两条河，要在这两条河的上面架两座桥，使点A到点B之间的距离最短，应该将桥架在哪里？

回答　如图21所示，从点A作一条线段AC，使它跟第一条河的河宽相等，并垂直于河岸。

从点B作一条线段BD，使它跟第二条河的河宽相等，并垂直于第二条河的河岸。

连接点C和点D，在点E架一座桥EF，使EF垂直于岸边；在点G架一座桥GH，使GH垂直于岸边；那么路径AFEGHB就是从点A到点B的最短距离。

读者朋友们，如果你不相信，可以参照前文的内容，来验证一下结果是否正确。

图21

第三章

路途中的几何学

怎样步测距离

当我们在铁路边或者公路上散步时，也会遇到需要用几何学知识解释问题的时候，而且运用起来很有意思。

◆ 利用公路测量步幅

我们可以利用公路测量出自己的步幅和速度到底是多少。以后再遇到测量距离的问题，我们就可以用自己的脚去丈量了（图22）。只要多做几次，我们就可以很熟练地运用这一技巧。这个技巧就是，不管在什么时候，我们总是保持一定的步行速度和步幅大小。

在公路上，每隔100米就会有一个路标。我们可以按照自己平常的速度和步幅走完这100米的距离，看看一共走了多少步，花了多少时间。你可以每年测量一下，因为每过一段时间，特别是如果你还是一个未成年人，你的步幅和速度就可能会发生变化。

—— 步幅 ——

图22

通过多次实验，我们能得到一个结论：一个普通成人的平均步幅，也就是每一步的长度，等于他的眼睛距离地面高度的一半。也就是说，如果一个人的眼睛到地面的距离是160厘米，那么他的步幅大概是80厘米。读者朋友可以自己测量一下，看看是不是这样。

◆ 利用步行速度计算步幅

刚才我们还提到了步行速度，很多时候，这一数值会给我们很大的帮助。多次实验得出的结论是，一个人每小时走过的距离（单位为千米），正好跟他在3秒的时间里走的步数相等。也就是说，如果一个人在3秒的时间里走了4步，那么这个人每小时的速度就是4千米。当然了，这里每一步的长度是在某个特定范围内的，我们可以把这个长度计算出来。假设每一步的长度是x米，在3秒的时间里走的步数用n表示，那么：

$$\frac{3600}{3} \times n \times x = n \times 1000$$

即 $1200 \times x = 1000$

所以 $x = \frac{5}{6}$ （米）

也就是80～85厘米。这样的步幅已经算比较大的了，只有个子比较高的人才可能步幅这么大。如果你的步幅没有这么大，你可以用别的办法来测量步行的速度。比如，用一只秒表计时，记录你在两个路标间走了多长时间，然后计算出步行的速度。

目测练习

◆ **和同学进行目测比赛**

测量距离的方法有很多，除了使用卷尺和脚步丈量外，我们还可以直接用眼睛估计出来，也就是目测法。我们需要长期地练习，才能估计得比较准确。这种方法很有趣，我上学的时候，经常跟同学比赛，看谁目测最准确。有时候，我们去郊游，只要到了视野开阔的公路上，我们的比赛就开始了。先从远处找一棵树，然后开始比赛。

"你说那棵大树离我们有多少步？"一个同学问道。

其他同学就会分别说出一个数字，然后一起测量，最后看谁说的数字跟真实数值最接近，这个人就是胜利者，接着由他指定另一棵树，继续比赛。

在每次比赛中，胜者计1分，一共猜10棵树，最后计算每个人所得的分数，得分最高的就是冠军。

开始的时候，大家估计的数字跟实际值差得很远，但是几次之后，我们慢慢掌握了目测的技巧，估计出的数值跟真实数值就非常接

近了。但是，如果地形比较复杂，比如在旷野中，树木比较稀疏；或者在晚上，灯光比较昏暗；或者在布满灰尘的街道上，误差还是非常大的。

在这样的环境中，我们又进行了几次比赛，最后竟然也能估计得比较准确了。后来，不管是在什么环境下，我们每个人都可以估计得比较准确了，慢慢地，我们对这个比赛失去了兴趣，因为它已经没有挑战性了。

这个比赛给我们带来的好处就是，我们拥有了一种很好的能力，练就了一双好眼睛，对以后的郊外旅行起了大作用。

◆ 目测能力与视力无关

还有一点非常有意思，这种能力跟视力没有任何关系。我记得当时有一个同学是近视，但他在目测能力方面丝毫不逊色于那些视力正常的同学，有时候甚至比他们做得还好。

相反，有一个视力正常的同学，不管他怎么努力，都不能很好地掌握这个技巧。

后来，我们还用目测法来测量大树的高度，也估计得非常准确。参加工作之后，我也经常发现这样的现象，近视的人在目测方面的能力一点儿也不比那些视力正常的人差。所以，即便读者朋友是近视，也一样可以训练出这种能力来。

这种能力可以在任何时候、任何季节里进行训练。比如，你正在马路上行走时，可以给自己出一些目测的题目，目测前方的路灯或者垃圾桶有多远。当你一个人无聊的时候，这种练习也是一个很好的消磨时间的方法，而且还训练了目测能力。

在军队中，这种能力也很有用。优秀的侦察员、炮手都必须掌握这种技巧，所以他们在日常训练中，总结了很多方法和技巧。在这里，我们从他们的教程中摘录了一些。

判断目测距离，可以根据不同距离上物体的清晰程度，也可以根据眼睛的习惯，在100~200步内，距离越远，物体就会显得越小。

如果根据物体的清晰程度进行判断，需要注意以下几点：如果光线比较好，或者物体的颜色比背景颜色突出，或者物体的位置比较高，或者是成群的物体，它们看起来都会比较大。

下面这些数据可以作为参考：

步数	可以看清的事物
50步之内	可以看清人的双眼和嘴巴
100步之内	人的双眼是一对黑点
200步之内	可以看清军装
300步之内	可以辨认人脸
400步之内	可以看清人的脚步
500步之内	可以看清服装是什么颜色

利用上面的数据，视力非常好的人的目测距离误差可以控制在10%之内。

在下面的情形下，误差会变大。

第一种情况：在一片平坦的地面上，整个环境的颜色差异非常小。比如，在宽阔的河面（湖面）上，或者在沙漠里，或者在一望无垠的草原上，目测距离比真实数值要小，误差可达1倍，甚至更多。

第二种情况：目测的物体下端被铁轨的路基、小丘陵或者其他突出物遮挡了，误差也会变大，如图23和图24所示。这时候，人们通常会误认为物体在突起物之上，而不是在它后面，所以目测出的距离比实际距离要小。

在前面提到的这些情况下，目测法的准确性会大打折扣，这就需要采取其他方法测量距离。

图23

图24

公路的转弯有多大

不管是铁路还是公路，在设计转弯时，弯度都不会很大，更不会突然转弯，只会慢慢地转变方向。而且，在通常情况下，转弯处的曲线正好是与道路相切的圆上的一段弧。

如图25所示，AB和CD两段都是公路的直线部分，而BC是一段弧线，并且分别在点B与点C处跟AB和CD相切。因此，AB垂直于半径OB，CD垂直于半径OC。这样设计，就是为了使整段路圆滑一些，缓慢地变换方向，从直线到曲线再到直线。

一般来说，转弯处的半径都比较大，特别是在铁路上，通常大于600米。在一些主要的铁路干线上，比较常见的转弯半径是1000～2000米。

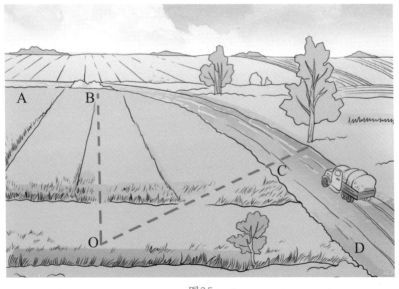

图25

如何测算一堆碎石的体积

公路边的一些碎石子里面也包含着很多几何学知识。比如,这堆碎石的体积是多大?这就是几何学问题。由于我们已经习惯了在纸上或者黑板上计算,因此对于这样的问题,我们需要费一些脑筋才能计算出来。这其实是一个圆锥体的体积计算问题。但是,对于它的高和底面积,是无法直接测量出来的,我们只能用一些间接的方法得到。

首先,我们可以用卷尺测量出它的底面周长,从而得到它的底面半径。其次,我们来求它的垂直高度。如图26所示,先测量出它的侧面高度,也就是斜坡的长度AB。然后,根据前面得出的底面半径,构造一个三角形,就可以计算出它的高度。下面,我们就来计算一个这样的问题。

问题 一堆碎石的形状是圆锥体,它的底面周长是12.1米,两边的侧面高度之和是4.6米,那么这堆碎石头的体积是多大?

回答 根据已知条件，碎石堆底面半径是：

$$\frac{12.1}{2 \times 3.14} \approx 1.9 \ (\text{米})$$

碎石堆的高度是：

$$\sqrt{2.3^2 - 1.9^2} \approx 1.2 \ (\text{米})$$

碎石堆的体积是：

$$\frac{1}{3} \times 3.14 \times 1.9^2 \times 1.2 \approx 4.5 \ (\text{立方米})$$

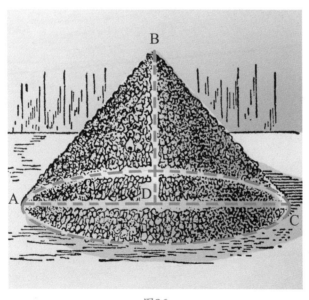

图26

第四章

黑暗中的
几何学

少年航海家遇到的难题

我们一直在广阔的田野自由地遨游，现在让我们到一条老旧木船的底舱里去，那里狭窄而黑暗。

在爱尔兰小说家和儿童文学作家马因·里德的小说中，主人公就是在这样的环境中解答出了一些几何学问题，并且回答得非常圆满。在我看来，当时他所处的环境，对于我们读者朋友来说，肯定从来没有遇到过。

小说的名字叫《少年航海家》，也被翻译成《船舱的底层》，在这篇小说中，马因·里德讲述了一个少年探险家的故事。

这位少年很喜欢航海，但是他没有那么多钱支付旅行的费用，所以他就偷偷藏到了一艘木船的底舱里。关于主人公在底舱独自度过的那段航行时光，作者进行了详细的描写。

少年躲在阴暗的底舱中，不停地在行李货物之中摸索，竟然意外地找到了一盒干面包和一桶水。这个少年清醒地知道自己的处境，所以他必须倍加珍惜这些数量有限的食物和水，不能浪费一丁点儿。少年打算，按每天一定的份额，把面包片和水分开。

要把面包片按每天的分量一片片分开，当然很容易，但是水怎么办呢？少年并不知道水的总量是多少，每天该分多少合适呢？少年遇到了这个难题，但是最后还是顺利地解决了。下面，我们就来看看这位少年是怎么解决的。

如何测量水桶中有多少水

在马因·里德的笔下，少年航海家是这样测量水桶中的水的。

我要给自己定出一个每天的饮水量，所以我首先应该知道这个水桶中究竟装了多少水，然后再把这些水按每天的分量分配好。

我在村里的小学读书时，数学老师曾经教了我们一点儿几何学的基本知识，多亏当时我记住了。现在，对于立方体、角锥、圆柱和球，我已经有了一定的认识。而且，我还知道可以把一只木制的大型水桶看成两个底面相接的圆台。

要想计算出大桶里水的容量，首先要知道桶有多高（实际上，桶里的水只有半桶）。然后还要知道水桶底部或者水桶顶部圆周的长度，以及水桶中间截面圆周的长度，也就是水桶中间最粗的地方的圆周长度。知道了这3个数值，利用几何学知识，就可以计算出水桶中的水到底有多少了。

现在的问题就是：如何测量这3个数据。这才是问题的关键，也是最大的困难。

　　该如何测量呢？要想测量这个水桶的高度，似乎不是很难，可是周长该怎么测量呢？水桶那么高，我的个子又小，根本够不到水桶的顶部，而且周围有那么多箱子，测量起来也不方便。

　　我的手中没有尺子之类的工具，也没有可以进行测量的绳子。在手里没有任何测量工具的情况下，该怎么知道这些长度或者高度呢？即便再困难，我也绝对不会放弃，我要好好地思考一下。

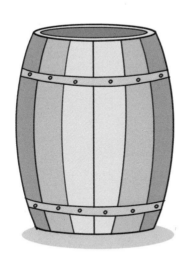

自制测量尺

接下来，马因·里德继续讲着故事。他讲解了小说的主人公如何得到前面提到的几个数据。

◆ 制作测量工具

在确定要测量出大桶里水的容量时，我好像突然想到了什么，而且那就是我现在需要的东西。我想，应该是一根可以通过水桶最粗地方的长度的木棍，它能帮助我测量出我想要的数据。如果有这样一根木棍，我就可以把它放到桶中，把木棍的两头抵在桶壁上。这样我就可以测量出水桶的直径，然后把它乘以3，得到周长。虽然测量和计算并不精确，但是对于现在的情况来说，已经够用了。

刚才为了喝水，我在水桶最粗的地方穿了一个小孔，我正好可以把木棍从这个小孔里穿进去，一直顶到对面的桶壁，这样就可以得出水桶最粗的地方的直径了。

但是，我到哪里去找这根木棍呢？其实，这难不倒我，我不是有一个装面包片的箱子吗？我可以利用它来做一个。现在，就来做这个工作！箱子的木板长度是60厘米，似乎短了点儿，水桶的宽度可能比它长了1倍还不止。不过没关系，只要把3根短木棍接起来，就能得到我需要的长度。

于是，按照木纹的纹路，我把木板劈开，做成了3根光滑的短木棍。用什么东西绑它们呢？我又想到了鞋带。鞋带有0.5英尺（1英

尺约为0.3米）长，足够了。我把3根短木棍一根接一根地绑到了一起。最后，我有了一根大概1.5英尺长的长木棍。

做好了准备工作后，我打算进行测量。这时我又遇到了一个新问题，船舱底层太狭小了，木棍又太长，我根本没有办法把它插到水桶中。如果把木棍弯曲的话，我又怕把它弄断。

◆ 测量圆台的底面直径

不过，我马上就想到了一个办法，可以把长木棍插到水桶中。我是这样想的：先把捆绑木棍用的鞋带解开，把长木棍分开。然后，把3根短木棍一根接一根地插到孔中，不过，第一根插进去后，要把它跟第二根接起来，然后再接上第三根。

我把长木棍插了进去，直到木棍的另一头抵到了对面的桶壁。然后，我在长木棍和水桶外壁相接的地方做了一个记号。只要从测得的长度中减去桶壁的厚度，就可以得出我需要的数值了。

利用同样的方法，我把长木棍拿了出来，并且标记了每一根木棍连接的地方。这样，把它们全部取出来之后，我就可以按照刚才的标记，再把它们连接起来，并测量出它在水桶中的长度了。我必须小心地完成这一切，因为一个看似很小的测量误差，在最后的计算中都可能会产生较大的误差。

到此为止，我终于测量出了圆台的底面直径。现在，我还需要知道圆台顶面的直径，也就是水桶底面的直径。这很简单，我把长木棍放在桶上，然后在桶底的相对两点和长木棍相交的地方做一个标记，就算完成了，花的时间还不到一分钟。

◆ 测量水桶高度

最后，需要知道的就是水桶的高度了。你可能会说，把长木棍竖直放在水桶旁边，在长木棍上做出高度的标记，不就行了？实际上，船舱底下漆黑一片，我根本没有办法看到长木棍顶端和水桶顶部相平的具体位置。我能做的只是用手摸，如果这样的话，我必须摸到长木棍跟水桶顶部相平的地方，同时还要防止长木棍发生倾斜，否则测量出的高度就不准确了。

经过一番思索，我想到了一个办法可以解决这个困难。只需要把刚才的两根短木棍接到一起，把另外一根横放在水桶的上面，并使之露出水桶边的部分的长度在30～40厘米之间。然后，把长木棍贴在露出来的木棍上，并且使它们相互垂直，也就是使夹角成为直角。这样，长木棍就跟桶的高度持平了。然后，我在长木棍和水桶最突出的地方，也就是水桶的正中间相交的地方做一个标记，再减掉桶顶的厚度，得到的值是水桶高度一半，也就得到了圆台的高度。

到此为止，我得到了解答问题所需要的全部数据。

30厘米

少年航海家又遇到了新难题

不过，少年航海家还需要克服一些困难。马因·里德接着写道：

这样计算出的水桶容量的单位是立方英寸，还得再换算成加仑。只要做一些算术上的演算就可以了。但是，演算的时候，我手头并没有纸笔，而且我是在一片漆黑的船舱底部，即便有纸笔，对我来说也没有任何用处。多亏我以前学习过心算，并用它演算过四则运算题。刚才测量出的数据并不大，所以这样的演算并不困难。

不过，我又遇到了一个新的问题，我手中一共有3个数据：两个底面的直径和圆台的高度。这3个数据到底是多少呢？在做演算之前，必须首先解决这一问题。

刚开始的时候，我觉得这个困难无法克服，因为我的身边没有任何测量用的尺子，如果想不到办法，就只能放弃演算这个题目了。

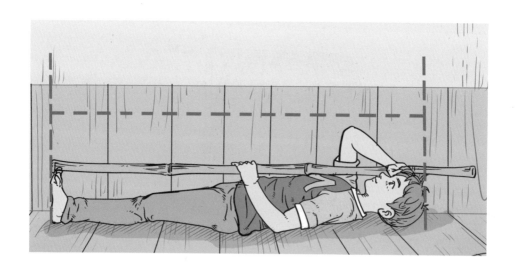

突然，我想到了一件事。在码头上的时候，我曾经给自己测量过身高，大概是4英尺。对我来说，这个数据会有什么用呢？很明显，我可以把我的身高刻到长木棍上，并以此作为后面计算的基础。

我在地板上把身体挺直，然后把长木棍的一端放到脚尖的前面，另一端贴在额头上，用一只手扶住长木棍，另一只手放在正对我头顶的地方，在长木棍上做了一个标记。就这样，我标记了自己的身高。

接着，我又遇到了新的难题。刚才，我只得到了4英尺木棍的长度，这还不够，我必须知道更小的尺寸单位。我打算这样做：在刚才的4英尺木棍上均分48等份，这样，我就得到了1英寸（1英尺＝12英寸）的长度，然后把这个长度一个一个地刻到长木棍上。这个办法看起来似乎很简单，但是在实际操作中，由于我处于一片漆黑的环境中，完成起来还是比较困难的。

首先，要在4英尺长的木棍上找到它的中点。怎么办呢？把这根木棍分成相等的两段，然后再把每段等分24英寸吗？

我又想到了方法。首先，我找了一根比2英尺稍长一些的短木棍，并用它测量了一下长木棍上4英尺的长度。我知道，短木棍长度的两倍比长木棍要长一些，于是，我把短木棍削短了一些，然后再试。就这样，在试到第五次的时候，我终于得到了一根2英尺长的木棍，它的两倍长度正好是4英尺。

这个过程花了我很多的时间。不过没关系，我有的是时间。我甚至感到很高兴，这样可以打发一些时间。

然后，我又想到了另一个方法，可以缩短做类似工作的时间。方法也很简单，就是用鞋带代替短木棍。跟木棍不同的是，鞋带可以很容易地对折成相等的两段。我把两条鞋带的一头接起来，就有了1英尺的长度。接着，我开始了测量。一直到刚才为止，只需要分成两个相等的部分就行了，这很容易做到。但是接下来，就稍微有点儿麻烦了，我需要把它分成相等的3份，不过，我同样做到了。这样，我手中就有了3段4英寸长的鞋带。只要把它对折再对折，就得到1英寸的长度了。

我终于有了刚才缺少的数据。我可以在长木棍上刻出1英寸的分度。根据刚才得到的1英寸长的鞋带，我在长木棍上仔细地刻着记号，把它分成了48个等长的部分。我的手中有了一根可以精确到英寸的尺子，通过它就可以测量这3个长度了。直到现在，我才算完成了整个测量任务。

然后，就是计算了。在测量出圆台两个底面的直径后，我取了它们的平均值，然后根据这个平均值，计算出了以它为底面直径的圆面积。这样我就得到了跟圆台同样大小的圆柱的底面积，再乘上水桶的高度，就得到了水桶的容积（用立方英寸表示）。

我把刚才计算出的立方英寸数除以69，得到了水桶容积的夸脱数。

最后，得到的结果是，这个水桶中一共有100多加仑的水，确切地说，是108加仑。

徒手测量

◆ **身高的数据**

　　马因·里德笔下的那位少年航海家之所以能顺利解答那道几何题目，完全是因为在他出发以前，正好进行过一次身高的测量，并且记住了自己的身高尺寸。如果我们每个人都随身携带着这么一把"活尺"，那该多好啊！这样，在需要的时候，就可以用来测量。

　　如图27所示，其实，在我们的身上，有很多比较固定的数字。比如，当我们伸直双臂，并左右平举时，我们两只手指端间的长度正好

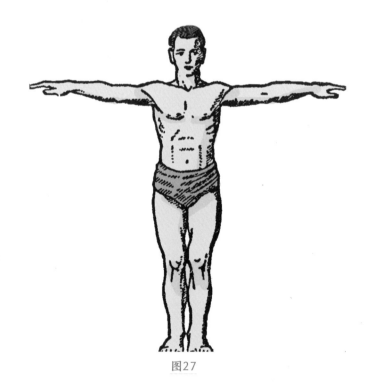

图27

等于自己的身高。这个规律是**达·芬奇**提出来的。如果记住了这一点，在实际情况下，可以用的方法比那位少年航海家所用的方法要方便多了。

我们知道，一个成年人的平均身高是1.7米，也就是170厘米，这个数字我们在前面也提到过，但是我们不应该仅仅满足于这个平均数，每个人的身高都是不同的，我们应该记住自己的身高，以及两手臂平举时的长度。

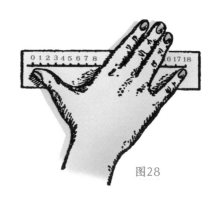

图28

◆ **手指的数据**

在没有度量工具的情况下，要想测量比较短的长度，最好的办法是把自己的大拇指和小指叉开，事先测量出它们之间的最大距离并记住，如图28所示。

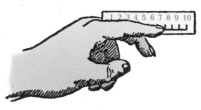

图29

一般来说，一个成年男人的大拇指和小指间距是18厘米，青少年的要小一些，不过它会随着年龄的增加而变大，到25岁左右就基本固定了。

另外，要想测量得更准确，最好把自己食指的长度也记住，并且

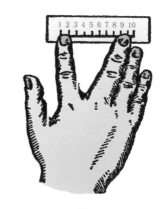

图30

再测量两个长度：一个是从中指根部量起的中指长度，一个是从食指根部量起的食指长度，如图29所示，这样，我们就得到了两个长度值。

此外，最好也记住食指和中指岔开的最大距离，如图30所示，成年人食指和中指间的最大距离大概是10厘米。最后，还要记住每根手指的宽度，以及中间三根手指并在一起的宽度（大概是5厘米）。

有了以上数据，我们就可以非常顺利地徒手进行一些测量了，哪怕是在黑暗的环境中也可以。

在图31中，就是用手指来测量杯子的周长，如果用平均值来表示，这个杯子的周长大概是18+5＝23厘米。

图31

在黑暗中作直角

问题　回到马因·里德笔下的那位少年航海家身上。如果少年遇到这样一个题目：他想作一个直角，该怎么办呢？在原著中，有这样一段描述：

少年把长木棍贴在短木棍露出来的一段上，并且使长木棍和短木棍之间形成一个直角。

我们知道，这个动作是在完全黑暗的环境中进行的，只能靠手指来触摸，所以很有可能造成比较大的误差。但是，在那种环境下，少年却采取了一个非常可靠的形成直角的方法。这个方法是怎样的呢？

回答　这里需要用到勾股定理。找3根长度不同的木棍就可以得到一个直角。不过，这3根木棍的长度需要满足一定比例关系。最简单的方法就是长度比例为3：4：5的3根木棍，如图32所示。

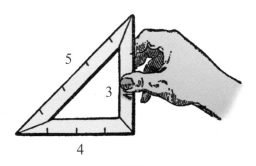

图32

这其实是一个非常古老的方法。在几千年前，就被人们广泛应用，直到今天，在一些建筑工作中，人们还经常用到它。

第五章

无须测算的
几何学

一笔画出来

问题　如图33所示，有5个图形。现在要把它们画到一张白纸上面，要求每一个图形只能用一笔画下来。也就是说，在画的过程中，铅笔不能离开白纸，而且已经画过的地方不能再画第二遍。

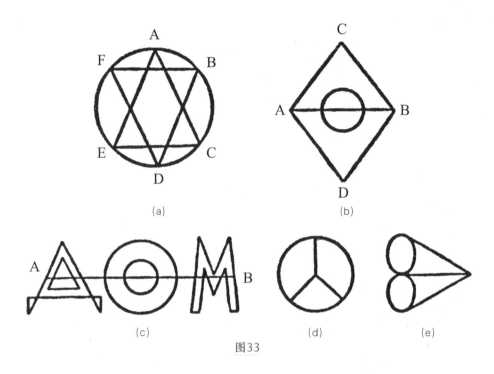

(a)　　　　　　　　　　　(b)

(c)　　　　　　　　(d)　　　　　　(e)

图33

很多人在拿到这个题目时，都选择从图形（d）开始。这是因为在他们看来，这个图形是最简单的，但是令他们失望的是，这个图形好像根本就无法一笔画下来。于是，他们继续怀着失望的心情试其他的图形，结果令他们感到惊奇是，图形（a）和图形（b）看起来好像很复杂，但却很容易就能画出来，甚至更复杂的图形（c）也可以画出来。只有图形（d）和图形（e）无论怎么试，都画不出来。

为什么有些图形可以一笔画出来，而有些却不能呢？难道是因为我们不够聪明，还是根本就做不到？在这种情况下，我们是否能找到一条线索，可以事先判断出一个图形能否用一笔画出来呢？

回答　我们不妨把图形中各条线的交点称为"结点"，并把偶数条线汇聚的点称为偶结点，把奇数条线汇聚的点称为奇结点。在图形（a）中，每个结点都是偶结点，在图形（b）中，有两个奇结点（点A和点B）；在图形（c）中，奇结点在中间横切的直线两端；在图形（d）和图形（e）中，分别有4个奇结点。

◆ 偶结点图形

首先，我们来看一下所有结点都是偶结点的几个图形，比如图形（a）。在画的时候，我们可以从图上的任意一点S开始。比如我们要首先通过的是结点A，那么从点S出发有两个方向，一个是朝向点A，一个是远离点A。因为对每一个偶结点来说，从这个结点出去的线和进入的线的条数是相同的，当我们每次从一个结点画向另一个结点的时候，还没有被画的线就会减少两条，所以画完所有的线后就会回到出发点S，从理论上说，这是完全可能的。

但是，如果已经回到了出发点，没有路可以再走了，但是图形上还有一些线没有画，我们假设这些线是由结点B引出的，而我们已经走过结点B。这就是说，我们必须修正刚才的路线：在到达结点B时，先画出刚才那些没有画到的线，然后等回到点B后，再按照原来的路线画下去。

假设我们想这样来画出图形（a）：先画三角形ACE的每一条边，然后，到达点A后，再画出圆周ABCDEFA。这样的话，就无法画出三角形BDF，所以，我们必须在离开结点B并沿圆周上画弧线BC前，先画三角形BDF。

总之，如果这个图形的所有结点都是偶结点。那么不管从这个图形的哪一个点开始画，肯定可以把这个图形用一笔画下来。也就是说，图上所有的线画完后，终点会跟起点重合。

◆ 奇结点图形

下面，我们再来看一下有两个奇结点的图形。

就拿图形（b）来说吧！从图中可以看出，它有两个奇结点，分别是点A和点B。

试一下就会知道，这个图形也可以用一笔画出来。

实际上，从其中的一个奇结点开始，经过某几条线到达第二个奇结点，比如从图形（b）中的点A经过ACB到点B。画完这些线后，对每个奇结点来说，就减少了一条线，就好像这条线不存在似的。所以，这两个奇结点就变成了偶结点。在这个图形中，没有其他的奇结点，所以，现在的图形就只有偶结点了。比如说，在图形（b）中，画完ACB后，就只剩下一个三角形和一个圆周。

这样的图形可以用一笔画下来，所以整个图形也完全可以用一笔画下来。

需要说明的是，当我们从其中的一个奇结点开始画时，必须选择好通往第二个奇结点的路径，不能出现跟原来的图形隔绝的情况。比如说，当我们画图形（b）时，如果你从奇结点A沿直线AB到达另一个奇结点B，那就不行了。因为这时候的圆跟其他部分隔绝开了，下面的图形就画不出来了。

总之，如果在一个图形中有两个奇结点，要想一笔画成功，必须从其中的一个奇结点开始，最终停在另一个奇结点上。也就是说，起点跟终点不在同一个点上。

我们可以很容易得出，如果一个图形有四个奇结点，那它只能用两笔画出，而不是一笔。在图33中，图形（d）和图形（e）都属于这一类。

现在，我们已经看到，如果学会正确思考问题，就可以事先知道很多事情，避免浪费精力和时间。以后遇到此类题目，你可以马上断定，这个图形能否一笔画出来。而且，你还知道应该从哪一个结点开始画。

另外，你也可以自己设计出一些这样的图形让你的朋友解答。

最后，请读者朋友把图34中的两个图形用一笔画出来。

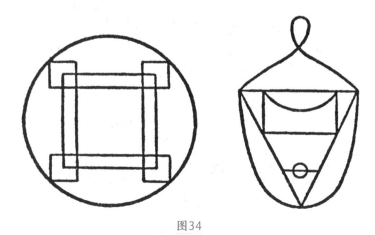

图34

柯尼斯堡的7座桥

200多年前，在柯尼斯堡的波列格尔河上，架着7座桥，如图35所示。

1736年的一天，数学家**欧拉**（他那时只有29岁）在河边散步，突然对下面的题目产生了浓厚的兴趣：能不能做到走过这7座桥，每座桥只通过一次？

不难看出，这个题目，跟前面讲的关于《一笔画出来》的题目是一样的。

如图35中的虚线所示，我们先把可能的路径画出来，结果得到的图形跟图33中的（e）相同，它有4个奇结点。根据前面的分析，我们知道，这个图形是不可能用一笔画出来的，也就是说，通过这7座桥梁的时候，如果每座桥只能通过一次，是不可能实现的。当时，欧拉在发现这一问题后，还把它证明了出来。

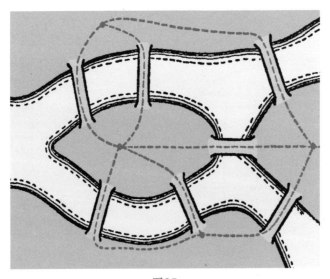

图35

如何检查正方形

问题 裁缝手里有一块布料，他想检查一下这块布料的形状是不是正方形，他沿着布料的两条对角线分别进行了对折，结果发现布料的四个边正好相互吻合。但是，这种方法真的科学吗？

回答 这是不科学的。这位裁缝的检查方法，只不过证明了这块布料的四个边是彼此相等的。

具有这一特性的四边形不仅仅是正方形，菱形也有这一特性，但是，只有当菱形的四个角都是直角时才是正方形（图36）。

所以，裁缝师傅用这个方法来检查，是不可靠的。除了上面的检查外，至少还应该看一下布料的四个角是不是都是直角。比如，把这块布料沿着中线折叠，看它在一边上的几个角是不是相互吻合。

图36

几何学吹牛

在学习了《一笔画出来》的知识后，你可以跟你的同学或者朋友炫耀，通过4个分散的点，你用一笔可以画出来不连续

图37

的图形。而且，在这个过程中，笔始终没有离开纸，也不用画多余的线。

其实，我们很清楚，这根本不可能。但是吹牛的话已经说出口，该怎么实现呢？下面，我来教你一招。

如图37所示，从点A开始，画一个圆的弧，连接端点A和B，就得到了弦AB。然后，在点B处放一张透明的纸，或者把这张纸的下半部分折起来，接着用铅笔把半圆的下半部分移到点B对面的点D。

然后，我们把透明的纸片拿走，或者把折起来的纸展开。那么，在这张纸对着我们的这一面上，只有画好的弦AB，但是铅笔却跑到点D那儿去了。

我们还可以把图形画完，接着画出弦DA，然后画出直径AC、弦CD以及直径DB，最后再画出弦BC，这样就画完了。其实，我们也可以从其他的点开始，比如从点D开始画这个图形。读者可以自己试一下。

下棋游戏中的"常胜将军"

下面我们介绍一个游戏：找一张正方形的纸，以及一些形状相同并且对称的东西，比如围棋的棋子。尽量多找一些，使它们能够铺满这张纸。

这个游戏需要两个人玩，按照顺序，每个人每次拿一枚棋子，依次放到这张纸上的任意位置，一直放到纸上再也放不下任何棋子为止。

规则还要求，任何棋子在放下去后，不得再改变它的位置。最后那个放下棋子的人获胜。

问题 玩这个游戏的时候，有没有一种方法能保证走第一步的人获胜？

回答 如图38所示，先下棋的人把第一枚棋子放到这张纸的正中间，并使棋子的中心跟纸的中心重合，在之后的游戏中，先下棋的人只要每次把棋子放到对手所下的棋子的对称位置，并一直遵守这个原则，那么只要对手可以找到位置放置棋子，先下棋的人也可以找到放棋子的位置，所以第一个放棋子的人必定获胜。

这个方法可以用几何学解释：四边形的纸有一个对称中心，通过这个中心点的直线可以把这张纸分成两半，也就是图形被分成了两个相等的部分。所以，在这个四边形的纸上，除了中心点，其他位置一定有一个对应的对称位置。

综上可知，只要先下棋的人占据了纸的中心点，那么不管对手把棋子放到哪个地方，在四边形纸上一定可以找到这个地方的对称位置，从而把棋子放在那里。

　　每次放棋子的时候，位置都由后下棋的人选择，所以玩到最后，当他还要放棋子的时候，纸上已经没有地方了，所以先下的人就胜利了。

图38

第六章

几何学中的"大""小"

1立方厘米中有27×10^{18}个……

在本篇的标题中有一个非常长的数，这个数就是：

27000000000000000000

也就是在27的后面有18个零。在不同的环境下，它有不同的读法。有的人读成270亿亿，而在财务上，常将它读为27艾（可萨）。我们还可以把这个数字写成27×10^{18}，读法是：27乘以10的18次方。

那么，本篇的标题到底是什么意思呢？

其实，27×10^{18}表示的是在我们周围空气的微粒数。我们知道，跟世界上的其他物质一样，空气也是由分子组成的。物理学家测定，在0℃，1立方厘米的空气中含有27×10^{18}个分子。这个数字非常巨大，即使是最富有想象力的人，也无法恰当地想象出这个数字大到什么程度。

这么大的一个数字，在我们日常生活中，真的很难找到可以跟它比拟的东西。全世界的人口也不过是50亿，也就是5×10^{9}（在作者写作本书时，世界人口为50亿，现在世界人口总数大约为70亿），跟它比起来要小得多，27×10^{18}是50亿的5.4亿（即5.4×10^{9}）倍。

如果我们利用最先进的望远镜来观察宇宙间的星体，并且假设我们所观察到的星体都跟太阳一样，周围环绕着很多行星，而且每个行星上面都有跟地球一样多的人口，那么这些行星上的人口之和，也没有这个数字大。如果你想把所有星球上的人口数出来，即使你每分钟可以数100个，并且中间不停顿，也大概需要5000亿年的时间才能数完。

实际上，即便是一个比较小的数字，也很难给我们一个确切的印象。比如，一架显微镜的放大倍数是1000倍，那么这个数字究竟表示什么意思呢？特别是面对一些非常微小的物体时，我们通常很难正确判断它的大小。

在显微镜下，如果在正常的明视距离，也就是25厘米的距离上，观察伤寒杆菌，它的大小跟一只苍蝇差不多，如图39所示。而实际上，这个杆菌有多么微小呢？

我们不妨这么设想一下，假设你自己是一个伤寒杆菌，那么如果把你放大1000倍，你的身高将是1700米，这时候，你的头部已经伸出了云层，很多摩天大楼还不到你膝盖的高度，如图40所示。这里的对比，就是伤寒杆菌放大前后的差异。

图39

图40

比蜘蛛丝还细、钢丝还结实的丝线

◆ **人造纤维**

如果我们把一根细线、铁丝或者蜘蛛丝的截面切开，就会发现，不管它们多么细，这个截面总会呈现一定的形状，通常来说都是圆形的。

一般来说，一根蜘蛛丝的截面直径大概是5微米，也就是0.005毫米。那么，有没有什么东西比它还细？蚕丝比它细吗？其实不是，天然蚕丝的直径大概是18微米，是蜘蛛丝的3.6倍。

在很早的时候，人们就想拥有这样的本领，可以把线纺得跟蜘蛛丝或者蚕丝一样细。我们都知道，在希腊神话中，女织工阿拉克尼就拥有这样的本领，她织出的织物薄得跟蜘蛛丝似的，透明得跟玻璃一样，轻得像空气一样。智慧女神雅典娜跟她比起来都逊色多了。

跟其他古老的传说一样，这只是一个传说。但是，我们现在确实已经拥有了这样的能力。

跟阿拉克尼一样，我们可以从普通的木材中提取出非常细又非常坚韧的人造纤维。

比如利用铜氨法，人们制成了一种人造纤维，它的截面直径只有蜘蛛丝的 $\frac{2}{5}$，而它的韧度跟天然的蜘蛛丝差不多。

天然蜘蛛丝每平方毫米截面上承受的质量大概是30千克，而利用铜氨法制成的人造纤维，在同样大小的截面上，可以承受的质量是25千克。

◆ 铜氨法制造人造纤维

说到利用铜氨法制造人造纤维，这个方法非常有意思。

首先，我们需要把木材变成纤维素。

然后放进氧化铜的氨溶液中进行溶解，形成的溶液透过小孔流到水里，用水把溶液里面的溶剂除去。

然后把这样得到的细丝缠绕到一种特制的装置上。

利用这种方法制成的人造纤维直径大概只有2微米。

◆ 醋酸纤维素法制造人造纤维

还有一种方法，叫醋酸纤维素法，也可以制成这种人造纤维，只不过制成的人造纤维比铜氨法要粗1微米。

更令人惊奇的是，在利用醋酸纤维素法制成的几种人造纤维中，有的竟然比钢丝还要坚韧！

一般来说，钢丝每平方毫米截面上承受的质量是110千克，用醋酸纤维素法制成的人造纤维，每平方毫米截面上承受的质量可以达到126千克。

而如果用粘胶法来制人造纤维，人造纤维的粗细大概是4微米，每平方毫米截面上可以承受20～62千克的质量。

图41中列出了天然蜘蛛丝、头发丝，以及一些人造纤维的粗细比较。

在图42中，列出了它们的韧度，也就是每平方毫米截面上所能承受的质量。

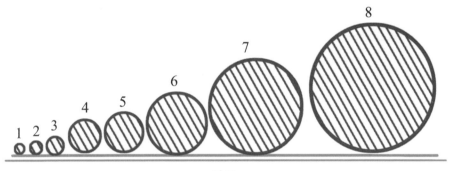

图41

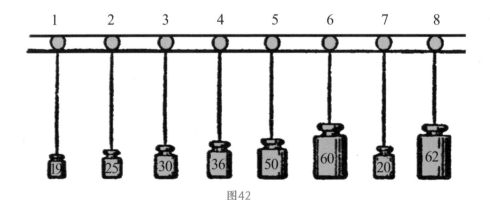

图42

1.铜氨法人造纤维　　　　　　　5.棉

2.醋酸纤维素法人造纤维　　　　6.天然丝

3.粘胶法人造纤维　　　　　　　7.羊毛

4.耐纶　　　　　　　　　　　　8.人的头发

◆ 人造纤维的重大意义

人造纤维又称为合成纤维，是现代的一项重要技术发明，在经济上具有重大的意义。

我们知道，棉花生长得比较慢，并且产量也难以保证，还会受到天气的影响。

而蚕丝的产量又太低，一只蚕一年只能产出大概0.5克的蚕丝。

而通过化学加工的方法，1立方米的木材制成的人造丝大概相当于320000个蚕茧；如果换算成羊毛，大概是30只羊一年的产毛量；如果换算成棉花，是7～8亩棉田的产量。

利用这些纤维，可以制成4000双女袜或者1500米长的织物。

两个容器哪个大

在几何学上，如果我们比较的不是数字，而是面积或者体积，就很难搞清楚它们的大小。我们可以很容易地分清楚5千克果酱比3千克多，但是却不一定一下子就判断出桌子上的两个容器哪个容量大。

问题 如图43所示，这两个容器哪个容量大？左边容器的高度是右边的3倍，而右边的宽度是左边的2倍。

图43

图44

回答 很多读者可能会觉得高容器的容量比宽容器容量要小一些。下面，我们来证明一下。

根据已知条件，如果高容器的底面积是1，那宽容器的底面积就是2×2＝4，而高容器的高是宽容器的3倍，所以宽容器的容积是高容器的$\frac{4}{3}$倍。如果把高容器盛满水，然后倒进宽容器中，水的体积是宽容器容量的$\frac{3}{4}$，如图44所示。

《格列佛游记》的真相

◆ 《格列佛游记》中准确的计算

在《格列佛游记》中，作者斯威夫特非常小心地避免犯一些几何学错误。读过这本书的朋友可能还记得，在小人国中，1英尺相当于现实生活中的1英寸；但是在大人国中，情况则正相反，1英寸相当于实际中的1英尺。也就是说，在小人国中，所有的物体只有我们日常生活中的$\frac{1}{12}$；而在大人国中，所有的东西都是我们日常生活中的12倍大。看起来，这两个数值没有什么复杂的，但是，在解答一些实际问题时，却会变得非常复杂，比如，下面的问题：

● 格列佛每餐比他们多吃多少食物？体积是他们的多少倍？

● 跟小人国中的人相比，格列佛做一件衣服，需要的布料比他们多多少？

● 在大人国中，一个苹果大概多重？

作者在处理这些问题时基本上都是正确的。在他的计算中，小人国的人身高只有格列佛的$\frac{1}{12}$，所以这些小人的体积就是格列佛的$\frac{1}{12 \times 12 \times 12} = \frac{1}{1728}$。所以格列佛要想吃饱，所吃的食物是小人国中人的1728倍。对于这一点，书中进行了详细的描写。

一共有300名厨师在为我准备午饭。在我住的地方，新建了很多小房子，里面正在制作美食。同时，厨师跟他们的家属也住在那里面。吃饭时，餐桌上一共有20个仆人为我服务，还有100多人在侍候：他们有的在端饭菜，有的在抬一桶桶酒和饮料。在餐桌上的那些人，则用绳索和吊车把这些东西运到桌子上……

给格列佛制作衣服时，要用到很多布料，在这方面，作者也计算得很准确。格列佛的身体表面积是小人国的人的 $12 \times 12 = 144$ 倍。所以，他需要的布料也是小人国人的144倍。作者通过格列佛的叙述，对这些细节进行了描写。格列佛是这么说的："他们按照当地衣服的样式给我做衣服。而且，为了尽快赶制出来，一共大概有300名裁缝在忙碌着。"

在涉及类似的问题时，作者都进行了精心的计算。而且，计算非常准确。在普希金的长诗《欧根·奥涅金》中，时间都是根据日历换算出来的，而在《格列佛游记》中，作者所提到的尺寸都符合几何学定律。

◆ 《格列佛游记》中的错误

当然，在这本书中也有一些小错误，特别是在大人国的一些描述中：

有一天，我跟一位宫廷人员到花园散步。当我们走到一棵苹果树下面时，这个人瞅准机会，使劲儿摇晃起了这棵树上的一根树枝。于是，在我的头顶上，一个个木桶大小的苹果落了下来，有一个还砸在了我的背上，把我砸倒了。

不过，这个大苹果并没有把格列佛怎么样，过了一会儿，他像没事人一样爬了起来。但是，真的是这样吗？

其实，通过计算，我们可以得出，这个苹果的质量大概是一般苹果的1728倍，也就是差不多80千克，如果这个苹果从普通的苹果树的12倍高度上落下来，打到人身上的质量大概是普通苹果落下时的20000倍，这样的质量是毁灭性的，足以跟一枚炮弹相比了。

在计算大人国的人的肌肉力量时，还有一个更大的错误。我们知道动物的肌肉力量跟它的尺寸不是完全成正比的。如果把结论用到这里，我们就会发现，大人国的人的肌肉力量是普通人的144倍，而他们的体积则是普通人的1728倍。

所以格列佛可以自如地运用自己的身体举起跟自己体重相当的物体，但是对于大人国的人来说，他们却做不到这一点。他们大概只能躺在某个地方，没办法做任何运动。在书中，作者把他们的肌肉力量描述得活灵活现，是不正确的。

术 语 表

❶ **泰勒斯**：约前624～约前547，古希腊哲学家，米利都学派创始人。在经商、从政、科学活动方面有很大的成就，被誉为"希腊七贤"之一。曾从事天文学与数学的研究，提出了一些几何定理。

❷ **欧几里得**：约前330～前275，古希腊人，数学家，被称为"几何之父"。他的著作《几何原本》是世界上最早的公理化数学著作，对后世数学和科学发展有非常巨大的影响。

❸ **凡尔纳**：1828～1905，法国著名小说家、剧作家及诗人，被称为"科幻小说之父"，代表作有《格兰特船长的儿女》《海底两万里》《神秘岛》《气球上的五星期》《地心游记》等。

❹ **马因·里德**：1818～1883，爱尔兰小说家、儿童文学家。他的作品充满浪漫主义的气氛，引人入胜，代表作有《白人领袖》《混血儿》《小海狼》《无头骑士》等。

❺ **加仑**：1加仑≈277立方英寸≈$4\frac{1}{2}$升。

❻ **夸脱**：容量单位，主要在英国、美国、爱尔兰使用。1夸脱在英国和美国代表的是不同容量。1英制夸脱=1136.5225毫升，1美制夸脱=946.352946毫升。

❼ **达·芬奇**：1452～1519，意大利文艺复兴时期的天才艺术家、科学家、发明家，代表作有《蒙娜丽莎》《最后的晚餐》等。

❽ **欧拉**：1707～1783，瑞士数学家、自然科学家。他对数学的研究非常广泛，经典著作有《无穷小分析引论》《微分学原理》《积分学原理》等。

❾ **斯威夫特**：1667～1745，18世纪英国著名文学家、讽刺作家、政治家，代表作有《格列佛游记》《一只桶的故事》《书的战争》等。

图书在版编目（CIP）数据

趣味数学：少儿彩绘版．空间与几何／（俄罗斯）
雅科夫·伊西达洛维奇·别莱利曼著；项丽译．-- 北京：
中国妇女出版社，2021.1
　　ISBN 978-7-5127-1904-0

　　Ⅰ．①趣…　Ⅱ．①雅…　②项…　Ⅲ．①数学－少儿读
物　Ⅳ．①O1-49

中国版本图书馆CIP数据核字（2020）第183146号

趣味数学（少儿彩绘版）——空间与几何

作　　者：	〔俄罗斯〕雅科夫·伊西达洛维奇·别莱利曼 著　项　丽 译
责任编辑：	门　莹　张　于
封面设计：	尚世视觉
插图绘制：	黄如驹（乌鸦）
责任印制：	王卫东
出版发行：	中国妇女出版社

地　　址：北京市东城区史家胡同甲24号　　　邮政编码：100010
电　　话：（010）65133160（发行部）　　　65133161（邮购）
网　　址：www.womenbooks.cn
法律顾问：北京市道可特律师事务所
经　　销：各地新华书店
印　　刷：天津翔远印刷有限公司
开　　本：170×240　1/16
印　　张：21
字　　数：260千字
版　　次：2021年1月第1版
印　　次：2021年1月第1次
书　　号：ISBN 978-7-5127-1904-0
定　　价：169.00元（全三册）